Guida alla Coltivazione del Gladiolo

Impara cosa fare per coltivare bene il Gladiolo

A. Duller

Lisa Shardon

Copyright © 2024

Guida alla Coltivazione del Gladiolo

Introduzione

Storia e Origine del Gladiolo

Il **gladiolo** (Gladiolus spp.) è una pianta fiorita appartenente alla famiglia delle **Iridaceae**, ampiamente conosciuta e apprezzata per i suoi fiori spettacolari, colorati e dalle forme eleganti. Il suo nome deriva dal latino "gladius", che significa **spada**, in riferimento alla forma lunga e affusolata delle sue foglie, simili a una lama. Per questo motivo, il gladiolo è spesso simbolo di forza, integrità e vittoria. Nell'antichità, si credeva che i gladioli portassero fortuna ai gladiatori nell'arena, rafforzando l'associazione simbolica con il coraggio e il trionfo.

Origini Geografiche

Il gladiolo è originario di diverse parti del mondo, con la maggior parte delle specie selvatiche trovate nell'**Africa meridionale**, particolarmente in Sudafrica. Tuttavia, alcune varietà sono native dell'**Europa mediterranea** e dell'**Asia occidentale**. Gli esploratori europei del XVII e XVIII secolo scoprirono molte delle specie africane durante le loro spedizioni, e queste furono introdotte in Europa, dove iniziarono a essere coltivate nei giardini nobiliari. Da allora, il gladiolo ha guadagnato popolarità in tutto il mondo per la sua bellezza e la sua capacità di fiorire in una vasta gamma di colori.

Durante il XIX secolo, gli ibridatori iniziarono a lavorare sulle specie selvatiche africane per creare nuove varietà con fiori più grandi, colori più brillanti e maggiore resistenza. Questo lavoro di selezione ha portato alla nascita delle varietà moderne di gladioli che conosciamo oggi, con un'incredibile gamma di colori e forme. Il gladiolo è particolarmente popolare nei giardini e viene spesso utilizzato per la produzione di **fiori recisi**, grazie alla sua bellezza duratura e alla sua capacità di adattarsi bene in vasi.

Capitolo 1: Introduzione al Gladiolo

Varietà di Gladioli

Oggi esistono **più di 250 specie** di gladioli e innumerevoli cultivar, create attraverso l'ibridazione e la selezione. Le varietà si differenziano per dimensione, colore, altezza e periodo di fioritura, offrendo ai coltivatori e ai giardinieri una vasta scelta per soddisfare gusti e esigenze diverse.

Classificazione per Dimensione

I gladioli possono essere suddivisi in tre grandi gruppi in base alla dimensione:

1. **Gladioli Nanus**: Queste varietà sono caratterizzate da una statura più bassa (circa 30-60 cm) e fiori più piccoli, ma non meno decorativi. Sono perfetti per bordure e contenitori, e spesso fioriscono più

rapidamente rispetto alle varietà più alte.

2. **Gladioli Medi**: Hanno un'altezza compresa tra i 60 e i 90 cm. Questi gladioli sono versatili e adatti sia a giardini sia a bouquet di fiori recisi. Le dimensioni dei fiori possono variare, ma sono generalmente più grandi rispetto alle varietà nanus.

3. **Gladioli Giganti**: Queste varietà possono raggiungere i 120-150 cm di altezza. I loro fiori sono particolarmente grandi e spettacolari, spesso utilizzati nelle esposizioni floreali e nei giardini dove si vuole creare un effetto scenografico. Hanno steli robusti, ideali anche per la produzione di fiori recisi.

Classificazione per Colore

Un altro modo comune di classificare i gladioli è in base al colore dei loro fiori. I gladioli moderni sono disponibili in una vasta gamma di colori, che includono:

- **Bianco**: Simbolo di purezza e raffinatezza, è molto apprezzato nelle composizioni floreali formali.

- **Rosa**: Dal tenue al fucsia intenso, il rosa è ideale per aggiungere un tocco delicato e romantico ai giardini e alle composizioni floreali.

- **Rosso**: Il colore della passione e dell'energia, i gladioli rossi sono tra i più drammatici e accattivanti.

- **Giallo**: Simboleggia la felicità e l'amicizia, perfetto per giardini solari e vivaci.

- **Arancione**: Colore caldo e audace, ideale per creare un contrasto nei giardini o nei bouquet.

- **Viola e Blu**: Questi colori conferiscono un tocco di mistero e profondità alle composizioni floreali e sono meno comuni, il che li rende particolarmente ricercati.

- **Multicolore**: Molti gladioli moderni sono stati ibridati per presentare più di un colore sullo stesso fiore, con sfumature spettacolari che vanno dal rosa all'arancione o dal giallo al rosso.

Ogni colore può avere significati simbolici diversi e può essere utilizzato per occasioni particolari, come matrimoni, celebrazioni o commemorazioni.

Varietà Popolari

Tra le varietà più popolari di gladioli, si trovano cultivar come:

- **"Priscilla"**: Un gladiolo dai delicati fiori rosa con bordi bianchi, perfetto per creare un effetto etereo in giardino.

- **"Black Beauty"**: Con fiori di un profondo colore rosso scuro, quasi nero, questa varietà è drammatica e sofisticata.

- **"Green Star"**: Un gladiolo unico nel suo genere con fiori verde lime, che attira immediatamente l'attenzione per il suo colore inusuale.

- **"Purple Flora"**: Un altro esempio di colore intenso, con fiori di un ricco viola che aggiungono un tocco regale a qualsiasi giardino.

Condizioni Ideali di Coltivazione

Per ottenere il massimo dalla coltivazione dei gladioli, è importante conoscere le condizioni ideali di coltivazione. Essendo una pianta originaria di climi caldi e temperati, i gladioli richiedono specifiche esigenze in termini di **clima**, **esposizione solare** e **terreno**.

Clima e Esposizione

I gladioli preferiscono climi **temperati o caldi**, con inverni miti e estati calde. Non tollerano bene il freddo intenso, specialmente durante i mesi invernali, poiché i loro **cormi** (gli organi di riserva simili a bulbi da cui crescono le piante) possono danneggiarsi o marcire a causa del gelo.

- **Esposizione al sole**: I gladioli richiedono un'esposizione **piena al sole** per fiorire abbondantemente. Idealmente, dovrebbero ricevere **almeno 6-8 ore di luce solare diretta** al giorno. In zone con estati molto calde, è utile fornire un po' di ombra nelle ore più calde per evitare che i fiori appassiscano prematuramente.

- **Temperature ottimali**: Le temperature ottimali per la crescita dei gladioli variano tra i **18°C e i 25°C** durante il giorno, con notti più fresche, ma comunque sopra i **10°C**. Durante la fase di fioritura, temperature eccessivamente alte (sopra i 30°C) possono accorciare la durata della fioritura, mentre temperature troppo basse possono rallentare la crescita.

- **Protezione dal vento**: A causa della loro altezza, i gladioli possono essere sensibili ai venti forti, che possono danneggiare gli steli e rovesciare le piante. È consigliabile piantarli in aree **protette dal vento**, oppure utilizzare dei tutori o delle griglie di sostegno per evitare che gli steli si pieghino o si rompano.

Tipo di Terreno

Il terreno è un fattore cruciale per il successo nella coltivazione dei gladioli. Queste piante hanno bisogno di un terreno ben drenato per evitare il ristagno d'acqua, che può causare **marciume radicale** e la perdita dei cormi.

- **Drenaggio**: Il gladiolo non tollera i terreni troppo compatti o argillosi, che tendono a trattenere l'acqua. Un terreno ideale deve essere **sabbioso o sabbioso-argilloso**, in modo che l'acqua possa defluire facilmente. Se il terreno è troppo pesante, è possibile migliorarlo aggiungendo **sabbia grossolana** o **materiali organici** come compost ben decomposto o torba.

- **pH del terreno**: I gladioli preferiscono un terreno con un pH leggermente acido o neutro, compreso tra **6.0 e 7.0**. Se il terreno è troppo acido o troppo alcalino, può essere utile correggerlo con l'aggiunta di calce agricola (per alzare il pH) o zolfo (per abbassarlo).

- **Fertilità**: Anche se i gladioli non sono particolarmente esigenti in termini di nutrimento, rispondono bene a un terreno **ricco di sostanza organica**. Prima della piantagione, è consigliabile arricchire il terreno con **compost** o **letame ben maturo**, per fornire alle piante i nutrienti necessari durante la fase di crescita. Durante la stagione di crescita, si può somministrare un fertilizzante bilanciato, preferibilmente uno a base di **fosforo** e **potassio**, che stimolano la fioritura e rafforzano i cormi.

- **Irrigazione**: Mentre i gladioli richiedono acqua regolare, specialmente durante la fase di crescita attiva e fioritura, è importante non eccedere. Il terreno deve essere mantenuto **umido**, ma non **saturato**. Un'irrigazione moderata e costante è la chiave per evitare problemi legati al marciume. Durante le stagioni più umide, è fondamentale monitorare attentamente l'umidità del terreno e ridurre le annaffiature se necessario.

Capitolo 2: Preparazione del Terreno per la Coltivazione del Gladiolo

La corretta preparazione del terreno è uno dei passaggi più critici per garantire una coltivazione di successo del gladiolo. Un terreno ben preparato, arricchito con i giusti nutrienti e lavorato correttamente, offrirà alle piante l'ambiente ideale per crescere in modo vigoroso e fiorire abbondantemente. In questo capitolo, esploreremo in dettaglio le tecniche di lavorazione del terreno, l'aggiunta di fertilizzanti, la scelta e la piantagione dei bulbi di gladiolo, e le tecniche per ottimizzare la resa e la qualità dei fiori.

Siega e Lavorazione del Terreno

La prima fase della preparazione del terreno per la coltivazione dei gladioli è la **lavorazione del suolo**. Questa operazione ha lo scopo di rendere il terreno più soffice, aerato e drenante, creando un ambiente favorevole allo sviluppo delle radici e alla crescita vigorosa delle piante.

1.1 Pulizia del Terreno

Prima di procedere alla lavorazione vera e propria, è importante rimuovere tutte le eventuali erbacce, sassi e detriti presenti nell'area di coltivazione. Le erbacce competono con i gladioli per l'acqua e i nutrienti e, se non controllate, possono compromettere la crescita delle piante. In giardini piccoli, questa operazione può essere svolta manualmente, utilizzando zappe o strumenti da giardino per sradicare le piante indesiderate. In terreni più grandi, potrebbe essere necessario utilizzare strumenti meccanici, come un aratro o una motozappa.

1.2 Lavorazione del Terreno

Una volta pulito, il terreno deve essere **lavorato a fondo**, per migliorare la struttura del suolo e facilitare il drenaggio dell'acqua. Il gladiolo ha bisogno di un terreno sciolto e ben drenato, quindi una buona lavorazione aiuta a prevenire ristagni idrici, che possono provocare marciumi radicali.

- **Scavo Profondo**: Il terreno dovrebbe essere scavato fino a una profondità di almeno **30-40 cm**, per garantire che le radici dei gladioli possano espandersi liberamente. Questa operazione, conosciuta anche come **vangatura profonda**, permette di rompere le zolle di terra compatta, migliorando la porosità del suolo. Nei terreni molto compatti, potrebbe essere utile effettuare una doppia vangatura, ossia una lavorazione più profonda per migliorare ulteriormente il drenaggio.

- **Aerazione**: Dopo la vangatura, è possibile utilizzare un **rastrello o una forca** per frantumare ulteriormente le zolle di terra e migliorare l'aerazione del suolo. Un terreno ben aerato è essenziale per consentire alle radici di respirare e svilupparsi in modo sano.

- **Drenaggio**: In terreni particolarmente argillosi o pesanti, può essere utile incorporare materiali drenanti come **sabbia grossolana** o **ghiaia fine**. Questi materiali aiutano a migliorare il drenaggio, prevenendo l'accumulo di acqua attorno ai cormi dei gladioli.

1.3 Integrazione di Materia Organica

Una volta terminata la lavorazione del terreno, è importante **arricchirlo con materia organica**. La materia organica migliora la fertilità del suolo, aumenta la capacità di trattenere l'umidità e favorisce lo sviluppo di una flora microbica benefica per le piante.

- **Compost**: Aggiungere **compost ben maturo** al terreno aiuta a migliorare la struttura del suolo e fornisce nutrienti essenziali per la crescita delle piante. Il compost può essere incorporato al terreno durante la fase di lavorazione, mescolandolo a una profondità di circa **20-30 cm**. L'uso regolare di compost favorisce anche la presenza di microrganismi benefici che migliorano la salute complessiva del terreno.

- **Letame**: Un'altra opzione è l'aggiunta di **letame ben decomposto**, che offre un apporto lento e costante di nutrienti. Tuttavia, è importante utilizzare letame ben maturo, poiché il letame fresco può bruciare le piante a causa dell'elevata concentrazione di azoto.

- **Torba**: Nei terreni particolarmente sabbiosi o poveri di sostanza organica, l'aggiunta di **torba** può essere utile per migliorare la capacità del suolo di trattenere l'umidità e fornire un ambiente più favorevole alla crescita delle radici.

Aggiunta di Fertilizzanti

Dopo aver preparato e arricchito il terreno con materia organica, è necessario integrare i nutrienti mancanti attraverso l'uso di fertilizzanti. I gladioli, come molte altre piante fiorite, hanno bisogno di un apporto equilibrato di **macro e microelementi** per crescere e fiorire correttamente.

2.1 Analisi del Terreno

Prima di decidere quale fertilizzante utilizzare, è consigliabile effettuare un'**analisi del suolo**. Questa analisi può rivelare le carenze di nutrienti nel terreno e permettere di adattare la fertilizzazione in base alle reali necessità. Spesso, i terreni possono essere carenti di **fosforo** o **potassio**, nutrienti fondamentali per la crescita dei bulbi e la produzione di fiori.

2.2 Fertilizzanti Organici e Chimici

Esistono diverse opzioni per la fertilizzazione, a seconda delle preferenze e delle condizioni del terreno:

- **Fertilizzanti organici**: Come il compost e il letame, i fertilizzanti organici forniscono un apporto lento e costante di nutrienti. Sono una scelta eccellente per chi desidera coltivare in modo sostenibile e migliorare la struttura del terreno nel lungo periodo. Tra i fertilizzanti organici, il **letame di pollina** o il **sangue di bue** sono particolarmente ricchi di azoto e potassio, due nutrienti fondamentali per la crescita dei gladioli.

- **Fertilizzanti chimici**: Se il terreno è molto povero o se si desidera una crescita più rapida e abbondante, è possibile utilizzare fertilizzanti chimici. I fertilizzanti granulari **NPK (azoto-fosforo-potassio)**, con un rapporto bilanciato come **10-10-10** o **5-10-10**, sono indicati per fornire alle piante i nutrienti necessari. Durante la fase iniziale, è consigliabile scegliere un fertilizzante più ricco in **fosforo**, poiché questo elemento stimola lo sviluppo delle radici e la formazione dei fiori.

2.3 Modalità di Somministrazione

I fertilizzanti possono essere applicati in diverse fasi della coltivazione:

- **Prima della piantagione**: Una buona pratica è quella di incorporare il fertilizzante nel terreno prima di piantare i bulbi, mescolandolo alla terra durante la vangatura. Questo garantisce che i nutrienti siano distribuiti uniformemente e che le radici delle piante possano accedere facilmente ai nutrienti.

- **Durante la crescita**: Durante la stagione di crescita, è possibile somministrare ulteriori dosi di fertilizzante, preferibilmente un fertilizzante liquido o solubile in acqua, da applicare una volta ogni **2-4 settimane**. Questi fertilizzanti contengono solitamente una combinazione di **azoto**, per stimolare la crescita delle foglie, e **potassio**, per rafforzare gli steli e migliorare la qualità dei fiori.

Piantagione dei Bulbi

Dopo aver preparato il terreno e somministrato i fertilizzanti necessari, si passa alla fase cruciale della **piantagione dei bulbi** di gladiolo. La piantagione richiede attenzione ai dettagli, poiché i bulbi devono essere posizionati correttamente per garantire una crescita vigorosa e una fioritura spettacolare.

3.1 Scelta dei Bulbi

La scelta dei bulbi è fondamentale per ottenere una fioritura di qualità. Non tutti i bulbi sono uguali, e acquistare bulbi di alta qualità aumenterà notevolmente le probabilità di successo nella coltivazione dei gladioli.

- **Bulbi sani**: I bulbi di gladiolo devono essere **sani e ben formati**, senza segni di marciume, muffa o danni fisici. Un bulbo sano ha una consistenza soda, non deve essere molle al tatto e deve presentare una superficie liscia e compatta.

- **Dimensioni dei bulbi**: La dimensione del bulbo è un indicatore importante della qualità della pianta che crescerà. Bulbi più grandi produrranno piante più forti con fiori più grandi e numerosi. Idealmente, i bulbi dovrebbero avere un diametro di **4-5 cm** per ottenere una fioritura ottimale.

Capitolo 3: Cura e Manutenzione del Gladiolo

Una volta piantati i bulbi di gladiolo, inizia il percorso di crescita che richiede un'attenta cura e manutenzione per garantire una fioritura rigogliosa e prolungata. In questo capitolo, esploreremo in dettaglio tutte le tecniche e le pratiche necessarie per la cura del gladiolo, dalla gestione dell'irrigazione e della concimazione fino alla protezione da malattie e parassiti. Vedremo inoltre come effettuare il sostegno degli steli, il controllo delle erbacce e come gestire la fase di post-fioritura per preservare i cormi (bulbi) per le stagioni successive.

3.1 Irrigazione

L'irrigazione è uno degli aspetti più critici della cura del gladiolo, poiché queste piante necessitano di un equilibrio adeguato di umidità per prosperare. Un'irrigazione corretta, infatti, sostiene la crescita vegetativa e la fioritura, mentre un eccesso o una carenza di acqua può compromettere gravemente lo sviluppo dei gladioli.

3.1.1 Frequenza e Quantità di Irrigazione

Il gladiolo ha bisogno di un'**irrigazione regolare** per mantenere il terreno leggermente umido ma ben drenato. Durante la stagione di crescita attiva, è importante monitorare costantemente il livello di umidità del terreno:

- **Fase di crescita iniziale**: Nei primi stadi della crescita, appena i bulbi cominciano a germogliare, è fondamentale che il terreno sia **costantemente umido** ma mai eccessivamente bagnato. Una regola generale è fornire circa **2,5-3 cm di acqua a settimana**, suddivisa in una o due annaffiature.

- **Durante la fioritura**: Quando il gladiolo

entra nella fase di fioritura, la necessità di acqua aumenta leggermente. Un'irrigazione adeguata in questa fase è essenziale per garantire fiori grandi e duraturi. Anche in questo caso, l'irrigazione dovrebbe avvenire una o due volte a settimana, a seconda delle condizioni climatiche locali.

- **Dopo la fioritura**: Dopo che il gladiolo ha fiorito, l'irrigazione può essere gradualmente ridotta. Tuttavia, non bisogna sospendere l'annaffiatura improvvisamente, poiché i cormi hanno ancora bisogno di acqua per immagazzinare riserve di nutrienti per l'anno successivo.

3.1.2 Modalità di Irrigazione

Il metodo di irrigazione influisce sulla salute generale della pianta. Per il gladiolo, è meglio optare per un'irrigazione che mantenga l'umidità al livello delle radici senza bagnare troppo il fogliame, il che potrebbe favorire lo sviluppo di malattie fungine:

- **Irrigazione a goccia**: Un sistema di irrigazione a goccia è ideale per i gladioli, poiché fornisce un apporto d'acqua costante e mirato alle radici senza bagnare il fogliame.

- **Irrigazione manuale**: Se si utilizza un annaffiatoio o un tubo, è importante **irrigare alla base delle piante**, evitando di spruzzare direttamente su foglie e fiori. Ciò riduce il rischio di malattie fungine, come l'oidio e la peronospora.

- **Evita i ristagni**: Assicurati che il terreno sia ben drenato e che non si formino ristagni d'acqua intorno ai cormi, che potrebbero portare a marciume radicale. Se necessario, migliorare il drenaggio aggiungendo sabbia o materiali drenanti al terreno.

3.2 Fertilizzazione

La fertilizzazione è un'altra parte cruciale

della cura dei gladioli, poiché queste piante richiedono un apporto costante di nutrienti per sostenere la loro rapida crescita e abbondante fioritura. È fondamentale fornire un fertilizzante equilibrato nelle diverse fasi di crescita.

3.2.1 Tipi di Fertilizzante

I gladioli rispondono bene sia ai fertilizzanti **organici** che a quelli **chimici**. L'uso di un fertilizzante bilanciato, ricco in **fosforo** e **potassio**, è particolarmente importante per promuovere la fioritura e rafforzare le radici.

- **Fertilizzanti chimici**: Un fertilizzante NPK con una formula **5-10-10** o **10-10-10** è ideale per i gladioli. L'**azoto (N)** favorisce la crescita vegetativa, il **fosforo (P)** stimola la produzione di fiori e il **potassio (K)** migliora la robustezza degli steli e la resistenza alle malattie.

- **Fertilizzanti organici**: Compost e letame ben decomposto sono ottimi integratori di nutrienti naturali e migliorano anche la struttura del terreno. L'uso di fertilizzanti organici è particolarmente indicato nei giardini biologici o dove si desidera un approccio sostenibile.

3.2.2 Programma di Fertilizzazione

Il gladiolo necessita di una **fertilizzazione continua** per tutta la durata del ciclo di crescita, suddivisa in più fasi:

- **Prima della piantagione**: È consigliabile mescolare **compost** o un fertilizzante granulare nel terreno durante la preparazione, a una profondità di **10-15 cm**.

- **Durante la crescita vegetativa**: Una volta che i germogli emergono, è possibile applicare un fertilizzante liquido ricco in azoto ogni **2-3 settimane** per sostenere lo sviluppo delle foglie e degli steli.

- **Fase di fioritura**: All'inizio della fioritura, ridurre l'azoto e somministrare un fertilizzante ricco di fosforo e potassio, che aiuterà a migliorare la qualità e la durata dei fiori. Una somministrazione aggiuntiva può essere effettuata **a metà della stagione di fioritura** per prolungare il periodo di fioritura.

- **Dopo la fioritura**: È utile fornire un ultimo apporto di fertilizzante ricco di potassio dopo la fioritura per aiutare i cormi a immagazzinare energia per l'anno successivo.

3.3 Controllo delle Erbacce

Le erbacce rappresentano una minaccia per i gladioli, poiché competono per acqua, nutrienti e spazio, ostacolando la crescita delle piante. Il controllo regolare delle erbacce è quindi fondamentale per mantenere un ambiente sano intorno alle piante.

3.3.1 Tecniche di Controllo delle Erbacce

- **Pacciamatura**: L'uso di uno strato di **pacciamatura organica** (come paglia, foglie secche o corteccia di pino) intorno alle piante può ridurre la crescita delle erbacce e conservare l'umidità del terreno. La pacciamatura dovrebbe essere applicata con uno spessore di circa **5-8 cm** e mantenuta durante tutta la stagione di crescita.

- **Sarchiatura manuale**: Se si nota la comparsa di erbacce, è importante rimuoverle tempestivamente, preferibilmente tirandole a mano o utilizzando una **zappa da giardino**. Bisogna fare attenzione a non danneggiare le radici dei gladioli durante la sarchiatura.

- **Diserbanti selettivi**: In caso di

infestazioni di erbacce particolarmente tenaci, si possono utilizzare **diserbanti selettivi**, che eliminano solo le erbacce senza danneggiare i gladioli. Tuttavia, l'uso di diserbanti chimici deve essere sempre ponderato, soprattutto se si coltivano i gladioli in un giardino destinato a una coltivazione biologica.

3.4 Sostegno degli Steli

I gladioli, a causa della loro altezza e del peso dei fiori, possono essere vulnerabili al vento e alle intemperie. Gli steli, che possono raggiungere oltre **120 cm di altezza**, necessitano spesso di un supporto per evitare che si pieghino o si spezzino.

3.4.1 Tecniche di Sostegno

Esistono diverse tecniche per fornire supporto agli steli dei gladioli:

- **Tutori individuali**: Un metodo comune è l'utilizzo di **bastoncini di legno o bambù** posizionati accanto a ciascuna pianta, legando delicatamente lo stelo al tutore con dello spago o del filo morbido. Questa tecnica è particolarmente indicata per i gladioli coltivati singolarmente o in piccoli gruppi.

- **Griglie o reti di supporto**: Nei giardini più grandi, è possibile utilizzare **griglie o reti di sostegno**. Queste vengono posizionate sopra le file di gladioli, e gli steli crescono attraverso i fori della rete, ricevendo un supporto uniforme

. Questa soluzione è ideale per le coltivazioni su larga scala, poiché permette di sostenere molti fiori contemporaneamente.

- **Anelli di sostegno**: Un'alternativa sono gli **anelli di sostegno** che avvolgono la pianta a metà altezza, fornendo supporto senza dover legare lo stelo direttamente.

3.5 Protezione dalle Malattie e dai Parassiti

I gladioli possono essere soggetti a diverse malattie fungine e attacchi di parassiti che possono compromettere gravemente la loro salute e fioritura. È fondamentale adottare misure preventive e intervenire tempestivamente per proteggere le piante.

3.5.1 Malattie Comuni

Le malattie più comuni che colpiscono i gladioli sono di origine **fungina** e si sviluppano soprattutto in condizioni di elevata umidità e scarsa ventilazione.

- **Marciume radicale**: Causato da funghi come il **Fusarium** o il **Pythium**, il marciume radicale provoca l'imbrunimento e il disfacimento delle radici e dei cormi. Per prevenire questo problema, è essenziale garantire un buon drenaggio del terreno e evitare ristagni d'acqua.

- **Peronospora**: Questa malattia si manifesta con macchie gialle sulle foglie, seguite da necrosi. È importante mantenere il fogliame asciutto e garantire una buona circolazione d'aria tra le piante per ridurre il rischio di infezioni fungine.

- **Oidio**: Si presenta come una patina biancastra sulle foglie e sui fiori, tipica delle condizioni di umidità elevata. Per prevenire l'oidio, è consigliabile evitare di bagnare le foglie durante l'irrigazione e applicare fungicidi naturali a base di **zolfo** o **rame**.

3.5.2 Parassiti

Tra i principali parassiti che attaccano i gladioli troviamo:

- **Afidi**: Questi piccoli insetti succhiatori si nutrono della linfa delle piante, indebolendole e favorendo la diffusione di malattie virali. Gli afidi possono essere controllati con **insetticidi naturali** a base di sapone potassico o olio di neem.

- **Tripidi**: I tripidi attaccano i fiori e le foglie dei gladioli, provocando macchie argentee e deformazioni. Per prevenire infestazioni di tripidi, è utile rimuovere immediatamente le foglie infette e, se necessario, applicare insetticidi specifici.

- **Lumache**: Le lumache possono danneggiare seriamente le giovani piante, mangiando foglie e germogli. Un buon metodo per prevenire i danni è l'uso di **barriere fisiche** o esche per lumache posizionate intorno alla base delle piante.

3.6 Gestione della Post-Fioritura

Dopo che il gladiolo ha terminato la fioritura, è importante gestire correttamente la fase di post-fioritura per garantire la conservazione dei cormi per la stagione successiva.

3.6.1 Taglio dei Fiori Sfioriti

Dopo la fioritura, i fiori appassiti devono essere rimossi per evitare che la pianta spenda energie inutilmente nella produzione di semi. È consigliabile tagliare gli steli fiorali **al di sopra del secondo nodo** delle foglie, lasciando il fogliame in modo che la pianta possa continuare a fotosintetizzare e accumulare energia nei cormi.

3.6.2 Conservazione dei Cormi

A fine stagione, una volta che il fogliame è ingiallito e secco, i cormi devono essere **estratti dal terreno**, puliti e conservati in un ambiente asciutto e ben ventilato. I cormi devono essere lasciati asciugare per alcune settimane in un luogo fresco prima di essere riposti in cassette o sacchetti di carta, pronti per essere piantati nella stagione successiva.

La cura dei gladioli richiede impegno e attenzione, ma seguendo queste pratiche di irrigazione, fertilizzazione, controllo delle erbacce e protezione dalle malattie, si può garantire una fioritura abbondante e spettacolare.

Capitolo 4: Raccolta e Conservazione dei Gladioli

La raccolta e la conservazione dei gladioli sono fasi cruciali per massimizzare la bellezza e la durata delle fioriture, sia in giardino che come fiori recisi per ornare spazi interni. In questo capitolo, esploreremo in modo approfondito quando e come raccogliere i gladioli al momento giusto per ottenere fiori di alta qualità, e come conservarli nel migliore dei modi, sia come piante da giardino per le stagioni future, sia come fiori recisi.

Vedremo come scegliere il momento ideale per la raccolta, quali tecniche applicare per garantire una lunga vita ai fiori recisi e come preparare i cormi (o bulbi) per la conservazione dopo la stagione di crescita, assicurando che rimangano in condizioni ottimali per la semina successiva.

4.1 Quando e Come Raccolgere

Raccogliere i gladioli nel momento giusto è essenziale per garantire che i fiori mantengano la loro freschezza e bellezza per il maggior tempo possibile. Il tempo di raccolta influisce non solo sull'aspetto del fiore ma anche sulla durata della sua fioritura una volta reciso. Di seguito esamineremo i vari fattori da considerare quando si pianifica la raccolta.

4.1.1 Fase di Maturazione per la Raccolta

I gladioli devono essere raccolti al momento giusto per garantire che abbiano il massimo impatto estetico e la massima durata come fiori recisi. Il momento ottimale per la raccolta è quando i **boccioli inferiori sono colorati e iniziano appena ad aprirsi**, mentre i boccioli superiori sono ancora chiusi. Questo permette al fiore di aprirsi gradualmente una volta reciso, offrendo una fioritura prolungata per diversi giorni.

- **Non aspettare che tutti i boccioli siano

aperti**: Se si attende troppo a lungo, e i fiori sono completamente sbocciati, la durata della loro vita come fiori recisi si riduce notevolmente, poiché i fiori sono già nella fase finale del loro ciclo.

- **Evita la raccolta prematura**: D'altra parte, se si raccoglie quando i boccioli sono ancora troppo chiusi o troppo verdi, è possibile che non si aprano mai completamente, compromettendo l'aspetto del fiore.

Un segno che indica il momento giusto per la raccolta è l'apertura del **primo o secondo fiore** sullo stelo, che garantisce che gli altri boccioli seguiranno il loro ciclo naturale anche una volta recisi.

4.1.2 Orario della Giornata per la Raccolta

L'orario del giorno in cui si raccoglie il

gladiolo può influenzare la sua freschezza e la sua capacità di durare nel tempo. Ecco alcune linee guida:

- **Mattina presto**: La raccolta dei gladioli dovrebbe essere fatta **presto al mattino**, quando le temperature sono più fresche e le piante hanno trattenuto la massima quantità di umidità durante la notte. Questo riduce lo stress della pianta e migliora la capacità del fiore di mantenere l'idratazione una volta reciso.

- **Tardo pomeriggio**: In alternativa, è possibile raccogliere i fiori **nel tardo pomeriggio**, dopo che le temperature si sono abbassate, per evitare di tagliare le piante nel momento di massimo stress idrico.

- **Evita le ore calde**: Mai raccogliere i gladioli durante le ore più calde della giornata (generalmente dalle 10:00 alle 16:00), poiché il calore e la disidratazione possono rapidamente appassire i fiori.

4.1.3 Tecnica di Taglio

Per assicurarsi che i gladioli recisi rimangano freschi e vitali più a lungo, è importante utilizzare la tecnica corretta di raccolta. Ecco i passaggi chiave da seguire:

- **Usare strumenti puliti e affilati**: Quando si tagliano i gladioli, assicurarsi di utilizzare forbici da giardino o cesoie ben affilate e pulite. Strumenti smussati possono schiacciare i tessuti del gambo, riducendo la capacità del fiore di assorbire acqua. Gli strumenti sporchi, invece, possono introdurre agenti patogeni che causano infezioni.

- **Tagliare in diagonale**: Effettuare il taglio del gambo in modo netto, **inclinando le cesoie a un angolo di circa 45 gradi**. Questo offre una maggiore superficie di assorbimento per l'acqua, aiutando il fiore a rimanere idratato e fresco più a lungo.

- **Tagliare vicino alla base della pianta**: Tagliare lo stelo dei gladioli il più in basso possibile, lasciando **2 o 3 foglie** sulla pianta. Le foglie rimanenti aiuteranno la pianta a continuare a fotosintetizzare e a nutrire i cormi per la stagione successiva.

4.1.4 Gestione Post-Raccolta

Dopo aver raccolto i gladioli, è essenziale trattarli con cura per prolungare la loro freschezza. Seguire questi passaggi subito dopo la raccolta:

- **Immergere immediatamente in acqua**: Non lasciare mai i fiori recisi all'aria per periodi prolungati. Appena tagliati, i gladioli devono essere immersi in un contenitore d'acqua pulita per evitare che si formi aria nelle cavità dei vasi conduttori, bloccando l'assorbimento di acqua.

- **Tenere in un luogo fresco**: Prima di disporli in vaso o utilizzarli per composizioni floreali, mantenere i fiori raccolti in un luogo fresco e ombreggiato per qualche ora. Questo aiuta a ridurre lo shock da taglio e permette ai fiori di stabilizzarsi.

4.2 Tecniche di Conservazione dei Fiori Recisi

Conservare correttamente i gladioli dopo la raccolta è essenziale per mantenerli freschi e belli per il maggior tempo possibile. Con le giuste tecniche, i gladioli possono rimanere in fiore per **fino a due settimane** come fiori recisi. Ecco alcuni passaggi chiave per conservare i gladioli al meglio.

4.2.1 Preparazione degli Steli

Dopo la raccolta, è necessario preparare gli steli dei gladioli prima di disporli nei vasi. Questo processo aiuta a prevenire l'appassimento precoce e a garantire che i fiori continuino a sbocciare.

- **Tagliare nuovamente gli steli**: Prima di mettere i gladioli in acqua, tagliare nuovamente gli steli **sott'acqua**, mantenendo il taglio inclinato. Questo riduce il rischio che si formino bolle d'aria nei vasi conduttori, che potrebbero impedire l'assorbimento d'acqua.

- **Rimuovere le foglie inferiori**: Le foglie che si trovano sotto il livello dell'acqua devono essere rimosse per evitare che marciscano. La decomposizione delle foglie nell'acqua può favorire la crescita di batteri, che accorciano la durata del fiore.

4.2.2 Condizionamento in Acqua

Una volta preparati gli steli, è importante utilizzare la giusta acqua e i giusti additivi per prolungare la vita dei fiori recisi.

- **Acqua pulita e fresca**: Riempire un vaso con acqua fresca e pulita, preferibilmente a temperatura ambiente. Evitare l'uso di acqua troppo fredda o calda, poiché potrebbe causare uno shock agli steli.

- **Aggiunta di conservanti per fiori**: Esistono speciali soluzioni commerciali che possono essere aggiunte all'acqua per aiutare a nutrire i fiori e prevenire la crescita batterica. Questi conservanti per fiori contengono zuccheri, che alimentano i fiori, e agenti antimicrobici, che mantengono l'acqua pulita.

- **Cambiare l'acqua regolarmente**: Cambiare l'acqua del vaso ogni **due o tre giorni** per mantenere i fiori freschi. Ad ogni cambio, tagliare nuovamente un piccolo pezzo di stelo per migliorare l'assorbimento.

4.2.3 Luogo di Conservazione

Dove si conservano i gladioli recisi influisce notevolmente sulla durata della loro freschezza.

- **Ambiente fresco e umido**: I gladioli durano più a lungo in un ambiente fresco e moderatamente umido. Se possibile, conservare i fiori in una stanza con una temperatura di **18-22°C** e lontano da fonti di calore, come caloriferi o luci dirette.

- **Evitare la luce solare diretta**: Esporre i fiori recisi alla luce solare diretta accelera la loro senescenza (invecchiamento). Posizionarli in un'area ben illuminata ma lontana dal sole diretto è l'ideale.

- **Evitare correnti d'aria**: Le correnti d'aria, come quelle generate da ventilatori o condizionatori, possono far seccare rapidamente i fiori e causarne l'appassimento anticipato.

4.2.4 Riattivazione dei Fiori

Se i gladioli sembrano appassire prematuramente, esistono alcune tecniche per cercare di riattivarli.

- **Tagliare nuovamente gli steli**: Come già menzionato, tagliare nuovamente gli steli sott'acqua può migliorare l'assorbimento. Ripetere questa operazione se si nota un appassimento precoce.

- **Immergere in acqua tiepida**: Se i fiori sono particolarmente disidratati, immergere la base degli steli in acqua tiepida per circa 30 minuti può aiutare a ripristinare la loro freschezza.

- **Spruzzare acqua sulle foglie**: Un'altra tecnica è spruzzare leggermente acqua sulle foglie e i boccioli con un nebulizzatore per mantenere l'umidità intorno ai fiori.

4.3 Conservazione dei Cormi

Oltre alla conservazione dei fiori recisi, è fondamentale conservare correttamente i **cormi** dei gladioli (spesso chiamati bulbi) alla fine della stagione di crescita. Una buona conservazione dei cormi garantisce che i gladioli possano essere ripiantati la stagione successiva, garantendo una nuova fioritura rigogliosa.

4.3.1 Raccolta dei Cormi

La raccolta dei cormi deve essere fatta con attenzione per evitare di danneggiarli. Il momento giusto per la raccolta dei cormi è dopo la fioritura, quando il fogliame comincia a **ingiallire e appassire** naturalmente.

- **Estrazione dal terreno**: Usare una forca da giardinaggio per sollevare delicatamente i cormi dal terreno. Fare attenzione a non danneggiare i cormi durante l'estrazione.

- **Pulizia dei cormi**: Dopo averli estratti, scuotere delicatamente il terreno in eccesso e rimuovere qualsiasi residuo di terra con le mani o con un pennello morbido. Non lavare i cormi con acqua, poiché l'umidità può favorire la comparsa di muffe e funghi durante la conservazione.

4.3.2 Asciugatura dei Cormi

Una volta raccolti, i cormi devono essere **asciugati** prima di essere conservati. Questo processo è cruciale per prevenire lo sviluppo di muffe e marciumi durante il periodo di conservazione.

- **Posizionamento in luogo ventilato**: Sistemare i cormi in un luogo asciutto, ben ventilato e al riparo dalla luce diretta del sole per farli asciugare. Un periodo di asciugatura di circa **due settimane** è generalmente sufficiente. Disporre i cormi su una superficie reticolata o su giornali, in modo che l'aria possa circolare liberamente intorno a loro.

4.3.3 Separazione dei Cormi

Dopo l'asciugatura, sarà possibile distinguere tra i cormi principali e i **cormi figlio**. I cormi figlio sono piccoli cormi che crescono alla base del cormo principale e possono essere utilizzati per la propagazione.

- **Rimozione dei cormi vecchi**: Il cormo della stagione precedente, che ha prodotto la pianta, sarà ormai secco e inutile. Rimuoverlo e scartarlo.

- **Conservazione dei cormi figlio**: I cormi figlio possono essere conservati separatamente per essere piantati l'anno successivo, anche se impiegheranno uno o due anni per svilupparsi in piante mature capaci di fiorire.

4.3.4 Stoccaggio dei Cormi

Una volta asciutti e puliti, i cormi sono pronti per essere conservati fino alla stagione successiva. Le condizioni di stoccaggio sono fondamentali per prevenire danni causati da muffe o marciumi.

- **Ambiente fresco e asciutto**: Conservare i cormi in un ambiente fresco e asciutto, con una temperatura ideale compresa tra **4°C e 10°C**. Un luogo come una cantina o un garage non riscaldato può essere perfetto.

- **Imballaggio**: Posizionare i cormi in sacchetti di carta o reti che permettano all'aria di circolare. Evitare contenitori ermetici, poiché l'umidità intrappolata può causare la formazione di muffe.

- **Controllo periodico**: Durante l'inverno, controllare regolarmente i cormi per assicurarsi che non vi siano segni di marciume o danni da insetti. Rimuovere immediatamente eventuali cormi compromessi per evitare che il problema si diffonda.

La corretta raccolta e conservazione dei gladioli richiede cura e attenzione, ma seguendo queste linee guida è possibile assicurarsi che i fiori recisi rimangano freschi a lungo e che i cormi sopravvivano fino alla stagione successiva. Un'adeguata gestione post-raccolta garantirà la bellezza duratura dei gladioli nel giardino e in casa, permettendo a queste piante spettacolari di prosperare anno dopo anno.

Capitolo 5: Propagazione dei Gladioli

Il gladiolo è una pianta straordinariamente apprezzata per la bellezza delle sue spighe fiorali e per la facilità di coltivazione. Tuttavia, per chi desidera espandere la propria collezione o garantire la continuità delle fioriture anno dopo anno, la **propagazione** dei gladioli rappresenta una fase importante. La propagazione può avvenire principalmente attraverso la **divisione dei bulbi (cormi)** e la **crescita da seme**, ciascuno dei quali ha caratteristiche e tempi differenti. In questo capitolo, esploreremo nel dettaglio entrambe le tecniche, nonché l'uso ornamentale e decorativo dei gladioli, che gioca un ruolo significativo nell'arte del giardinaggio e del design floreale.

5.1 Divisione dei Bulbi (Cormo)

La divisione dei cormi è il metodo di propagazione più utilizzato per i gladioli. Si tratta di un processo relativamente semplice, che permette di moltiplicare le piante mantenendo le stesse caratteristiche genetiche della pianta madre.

5.1.1 Cosa sono i Cormi?

I gladioli non producono veri bulbi come le tulipani o i narcisi. Al loro posto, possiedono strutture sotterranee chiamate **cormi**, che funzionano in modo simile ai bulbi ma hanno una struttura diversa. I cormi sono organi di riserva, ricchi di nutrienti che forniscono l'energia necessaria per la crescita della pianta nel corso dell'anno.

Durante la stagione di crescita, il cormo madre si consuma e produce nuovi **cormi figlio**, che possono essere separati e utilizzati per la propagazione. In aggiunta ai cormi figlio, la pianta sviluppa spesso **cormetti** più piccoli, che richiedono uno o più anni prima di diventare abbastanza grandi da fiorire.

5.1.2 Quando Dividere i Cormi?

Il momento ideale per dividere i cormi è alla fine della stagione di crescita, una volta che il fogliame è appassito naturalmente e le piante sono entrate in dormienza. Questo di solito avviene in autunno, verso ottobre o novembre, a seconda del clima locale.

- **Segnale visivo**: Attendere che il fogliame ingiallisca e si secchi completamente prima di procedere con l'estrazione dei cormi dal terreno. Questo garantisce che i nutrienti accumulati durante la stagione di crescita siano stati trasferiti al cormo.

5.1.3 Estrazione e Preparazione dei Cormi

Per dividere i cormi, bisogna innanzitutto estrarli con attenzione dal terreno. Ecco i passaggi principali:

- **Scavo delicato**: Utilizzare una forca da giardino o una pala per scavare attorno alla pianta con cura. Sollevare il gruppo di cormi senza danneggiarli.

- **Separazione**: Una volta estratti dal terreno, rimuovere il terreno in eccesso e pulire i cormi a mano o con un pennello. A questo punto sarà possibile distinguere il **cormo madre**, ormai esaurito e secco, dai **cormi figlio** formatisi alla sua base. Il cormo madre può essere scartato, mentre i cormi figlio devono essere separati con cura.

- **Rimozione dei cormetti**: Se presenti, anche i cormetti più piccoli possono essere staccati dalla pianta madre. Questi richiederanno più tempo per raggiungere una dimensione sufficiente a fiorire, ma possono comunque essere piantati.

5.1.4 Trattamento dei Cormi Figlio

Dopo la separazione, i cormi devono essere trattati per garantire che rimangano sani durante il periodo di conservazione e pronti per la piantagione nella stagione successiva.

- **Asciugatura**: Disporre i cormi figlio in un luogo fresco e ben ventilato per farli asciugare. È fondamentale che siano completamente asciutti prima della conservazione, per evitare che si sviluppino muffe o marciumi.

- **Controllo delle malattie**: Prima della conservazione, è possibile trattare i cormi con un fungicida a base di rame per prevenire l'insorgenza di malattie fungine durante l'inverno.

5.1.5 Conservazione dei Cormi

Una volta asciutti, i cormi possono essere conservati in un ambiente fresco e asciutto fino al momento della piantagione. Si consiglia di utilizzare sacchetti di carta o reti per permettere una buona circolazione dell'aria.

- **Temperatura di conservazione**: Il luogo di conservazione dovrebbe mantenere una temperatura costante tra **4°C e 10°C**. Luoghi come cantine o garage non riscaldati sono ideali per questa fase.

5.1.6 Piantagione dei Cormi

Nella primavera successiva, i cormi figlio possono essere piantati direttamente in giardino. A seconda delle dimensioni del cormo, la pianta potrebbe fiorire già nel primo anno o richiedere un secondo anno di crescita prima di produrre fiori.

- **Cormetti**: Se si piantano cormetti, sarà necessario attendere 2 o 3 anni prima che producano fiori, ma vale la pena aspettare, poiché permettono di aumentare notevolmente il numero di piante nel giardino.

5.2 Crescita da Seme

Anche se meno comune rispetto alla divisione dei cormi, la propagazione del gladiolo da seme è un'opzione interessante per chi desidera ottenere nuove varietà o creare piante uniche. La crescita da seme, infatti, comporta una ricombinazione genetica che può dare origine a fiori con colori e forme differenti dalla pianta madre.

5.2.1 Raccolta dei Semi

I gladioli producono semi all'interno di capsule che si formano dopo la fioritura, una volta che il fiore è appassito. I semi possono essere raccolti per avviare nuove piante.

- **Attesa della maturazione**: Le capsule che contengono i semi devono essere lasciate maturare sulla pianta fino a quando non diventano marroni e secche. Una volta che la capsula si apre naturalmente, i semi sono pronti per essere raccolti.

- **Estrazione dei semi**: Aprire le capsule secche e rimuovere i semi con delicatezza. I semi sono di piccole dimensioni e di colore marrone scuro.

5.2.2 Germinazione dei Semi

La coltivazione dei gladioli da seme richiede pazienza, poiché le piante impiegheranno diversi anni prima di fiorire. Tuttavia, seguendo le giuste tecniche di germinazione, è possibile ottenere buoni risultati.

- **Periodo di semina**: I semi di gladiolo possono essere seminati in **primavera**, preferibilmente in un semenzaio o in vasetti al chiuso, in modo da garantire un controllo ottimale della temperatura e dell'umidità.

- **Preparazione del terriccio**: Il terriccio per la semina dovrebbe essere leggero e ben drenato, per evitare ristagni d'acqua che potrebbero compromettere la germinazione.

- **Semina superficiale**: I semi devono essere sparsi sulla superficie del terriccio e coperti con uno strato molto sottile di sabbia o terriccio fine. Mantenere il terreno umido, ma non eccessivamente bagnato.

- **Condizioni di luce e temperatura**: La temperatura ideale per la germinazione dei semi di gladiolo è intorno ai **20°C**. Le piantine inizieranno a germogliare entro 2-4 settimane.

5.2.3 Cura delle Piantine

Una volta che i semi sono germinati, le piantine devono essere curate con attenzione per garantire il loro sviluppo. Ecco alcuni suggerimenti:

- **Irrigazione**: Le piantine di gladiolo richiedono annaffiature regolari, ma è importante evitare che il terreno diventi troppo umido, poiché le radici giovani sono particolarmente suscettibili al marciume radicale.

- **Diradamento**: Quando le piantine hanno sviluppato 2-3 foglie, sarà necessario diradarle, lasciando abbastanza spazio tra una piantina e l'altra per permettere la crescita. Il diradamento riduce la competizione per le risorse e migliora il flusso d'aria, prevenendo malattie fungine.

5.2.4 Trapianto all'Esterno

Dopo circa **6-8 settimane**, quando le piantine sono sufficientemente robuste e le temperature esterne sono stabili, possono essere trapiantate in giardino. Piantare le piantine in un terreno ben drenato e in una posizione soleggiata aiuterà a promuovere una crescita sana.

- **Fioritura**: Le piante cresciute da seme richiedono in genere **2-3 anni** prima di produrre fiori. Tuttavia, la varietà genetica ottenuta dalla crescita

da seme offre l'opportunità di ottenere fioriture uniche e nuove combinazioni di colori.

5.3 Uso Ornamentale e Decorativo dei Gladioli

I gladioli non sono solo piante facili da propagare e coltivare, ma offrono anche innumerevoli possibilità per essere utilizzati a fini **ornamentali e decorativi**. Grazie alle loro spighe floreali slanciate e ai colori vivaci, sono un elemento essenziale in molti giardini e composizioni floreali.

5.3.1 In Giardino

I gladioli sono spesso utilizzati come **piante da bordura** o **piante centrali** in aiuole miste. La loro altezza e l'aspetto maestoso li rendono perfetti per creare verticalità e aggiungere colore.

- **Aiuole e bordure**: Posizionare i gladioli lungo il bordo di aiuole o lungo vialetti aiuta a incorniciare il giardino e a guidare lo sguardo verso altre aree del paesaggio.

Glossario

Ecco un glossario utile per comprendere meglio i termini e le tecniche relative alla coltivazione, propagazione e cura dei gladioli. Questo glossario include definizioni e spiegazioni di parole chiave, permettendo ai lettori di approfondire la loro conoscenza di questi affascinanti fiori.

A

- **Acqua di irrigazione**: L'acqua utilizzata per annaffiare le piante, fondamentale per la loro crescita e salute.

- **Ambientazione**: La configurazione dell'ambiente in cui le piante vengono coltivate, compresi fattori come luce, temperatura e umidità.

B

- **Bulbo**: Sebbene i gladioli non producano bulbi veri e propri, il termine si riferisce a organi di riserva sotterranei di alcune piante, come tulipani e narcisi. I gladioli possiedono **cormi**, che sono simili ma strutturalmente diversi.

C

- **Cormo**: Struttura sotterranea simile a un bulbo, ricca di nutrienti, che funge da riserva per la crescita del gladiolo. I cormi possono produrre nuovi cormi figlio e fiori.

- **Cormetti**: Piccoli cormi che si sviluppano attorno al cormo principale e possono essere utilizzati per la propagazione.

- **Correnti d'aria**: Movimenti d'aria all'interno di un ambiente che possono influenzare la temperatura e l'umidità, potenzialmente danneggiando i fiori.

D

- **Divisione dei cormi**: Metodo di propagazione dei gladioli che consiste nel separare i cormi figlio dal cormo madre.

- **Diradamento**: Pratica di rimuovere alcune piante da un gruppo per garantire che quelle rimanenti abbiano spazio sufficiente per crescere.

E

- **Esposizione**: La quantità e il tipo di luce solare che una pianta riceve, importante per la sua crescita. I gladioli richiedono una posizione soleggiata.

F

- **Fertilizzante**: Sostanza nutritiva aggiunta al terreno per migliorare la crescita delle piante. I gladioli beneficiano di fertilizzanti a base di potassio e fosforo.

- **Fioritura**: Il periodo durante il quale una pianta produce fiori. Nei gladioli, la fioritura avviene in estate.

G

- **Germinazione**: Il processo attraverso il quale un seme inizia a svilupparsi in una pianta. La germinazione dei semi di gladiolo richiede temperature e umidità adeguate.

I

- **Irrigazione**: La pratica di fornire acqua alle piante. È cruciale per la salute dei gladioli, specialmente durante la loro fase di crescita.

L

- **Luce solare diretta**: Luce solare che colpisce direttamente una pianta, necessaria per la fotosintesi e la crescita sana dei gladioli.

M

- **Malattie fungine**: Infezioni causate da funghi, che possono colpire le piante e causare marciume. È importante prevenire malattie fungine nei cormi.

P

- **Piantagione**: Il processo di inserimento di cormi o semi nel terreno per avviare la crescita delle piante.

- **Pianta madre**: La pianta originale da cui vengono estratti i cormi figlio o i semi.

- **Potassio**: Nutriente essenziale per le piante, importante per lo sviluppo delle radici e la fioritura.

R

- **Raccolta**: Il processo di raccolta dei fiori o dei cormi al termine della loro crescita. Nei gladioli, la raccolta avviene quando i fiori sono completamente aperti.

S

- **Semi**: Strutture di riproduzione che possono germogliare in nuove piante. I gladioli possono essere propagati anche da semi, sebbene questo richieda più tempo.

- **Sfalcio**: La pratica di tagliare piante o fiori per favorire una crescita sana e controllare la forma della pianta.

- **Stelo**: Il gambo che sostiene i fiori di gladiolo, caratterizzato da un'altezza variabile a seconda della varietà.

T

- **Terreno**: La miscela di minerali, materia organica e organismi viventi in cui crescono le piante. I gladioli richiedono un terreno ben drenato e ricco di sostanze nutritive.

- **Trapianto**: L'atto di spostare una pianta da un luogo a un altro. I gladioli possono essere trapiantati quando le piantine sono abbastanza forti.

U

- **Uso ornamentale**: Riferito all'impiego di piante per scopi decorativi, come aiuole, bouquet e composizioni floreali.

Questo glossario è stato creato per aiutare i lettori a familiarizzare con i termini e le pratiche legate alla coltivazione e alla cura dei gladioli. La comprensione di questi termini è fondamentale per il successo nella propagazione e nella gestione di queste splendide piante, contribuendo a creare giardini rigogliosi e decorazioni floreali mozzafiato. Conoscere il linguaggio del giardinaggio non solo rende più facile la cura delle piante, ma arricchisce anche l'esperienza complessiva di chi ama il giardinaggio.

Indice

Introduzione pg.4

Capitolo 1: Introduzione al Gladiolo pg.6

Capitolo 2: Preparazione del Terreno per la Coltivazione del Gladiolo pg.15

Capitolo 3: Cura e Manutenzione del Gladiolo pg.25

Capitolo 4: Raccolta e Conservazione dei Gladioli pg.40

Capitolo 5: Propagazione dei Gladioli pg.56

Glossario pg.68

www.ingramcontent.com/pod-product-compliance
Lightning Source LLC
Chambersburg PA
CBHW070359230526
45471CB00006B/2644

Guida alla Coltivazione della Lavanda

Impara cosa fare per coltivare bene la Lavanda

A. Duller

Lisa Shardon

Copyright © 2024